尖端科技篇

哇，科学有故事！

移动的故事

［韩］金恩珠 / 文　［韩］赵贤淑 / 绘　千太阳 / 译

人民东方出版传媒
People's Oriental Publishing & Media
东方出版社
The Oriental Press

如何才能发明出消耗少量燃料的蒸汽机呢?

瓦特

我们能不能利用火箭飞到宇宙中?

戈达德

目录

铁匠叔叔，听说是您最早发明的轮子？

很久以前，人们通过人力或借助动物的力量来搬运重物。经过一番研究，我发明了轮子。自从开始使用带有轮子的车，人们可以更加轻松地搬运重物。

公元前 3500 年左右，苏美尔人生活在富饶广阔的美索不达米亚平原上。

美索不达米亚平原处在底格里斯河和幼发拉底河流域，那里土壤肥沃，非常适合农作物生长。随着谷物产量增加，苏美尔人开始将剩下的谷物拿到其他地区贩卖。除了擅长种植农作物，他们的手艺也非常出色，经常会制作一些漂亮的器皿和工具拿去卖。于是，如何搬运大量的货物成为摆在他们面前的一大难题。

"有什么办法可以避免谷物腐烂，轻松快速地将它们运到码头呢？"

当时，苏美尔人主要利用水路来运输货物。然而，想要在运输途中完好地保存谷物并不是一件容易的事情。

直到有一天，一位农夫在前往陶瓷作坊的途中，看到转盘在地面上滚动的场景。

"既然转盘能够如此轻松地在地面上滚动，是否意味着可以用它轻松地搬运沉重的货物呢……"

"你能不能将这些木块组装起来，使它能够像转盘一样在地面上滚动呢？"农夫把自己的想法说给了铁匠朋友听。

铁匠将三块木板拼在一起，削成圆形，再用两根木条固定住，然后在木条上钉上四颗铜钉，将其制作成转盘的形状。

"你是打算将它们穿在结实的棍子两头吧？"

在铁匠的帮助下，农夫将自己用来搬运谷物的雪橇搭在装有两个轮子的棍子上面。

"如果想要让转盘转动起来，你还需要安装更多的转盘。"
铁匠又做了两个轮子，将雪橇改装成了带有四个轮子的车子。
"如果用牛或驴来拉车，就能一次搬运更多沉重的货物。"
四轮车子做好后，运输货物的过程变得异常轻松。得益于此，苏美尔人所生活的美索不达米亚平原也变得更加繁荣了。

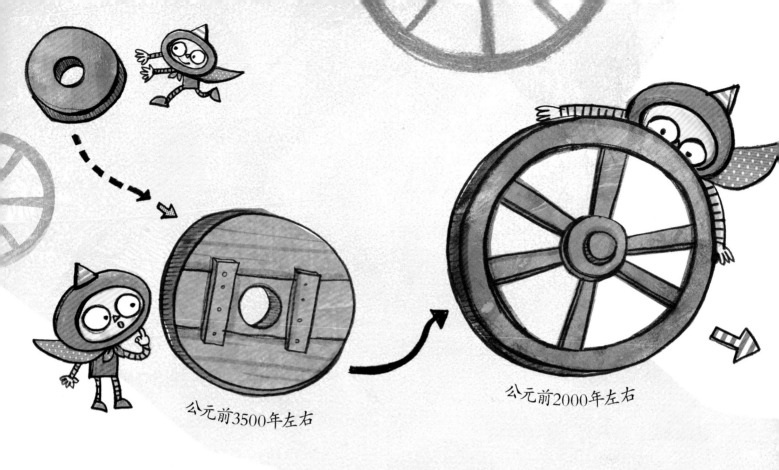

公元前3500年左右

公元前2000年左右

苏美尔人发明的圆盘形轮子是将厚实的木板拼在一起制成的，所以轮子本身很沉重，很难在泥路上或凹凸不平的路面上前行。

"轮子太过沉重，很难拉动车子。有什么办法可以解决这个问题呢？"

到了公元前 2000 年左右，赫梯人发明了一种新型轮子。这是一种拥有四根或六根轮辐的轮子。

由于轮辐之间存在空隙，所以它比圆盘形轮子轻很多，滚动的速度更快。于是，人们可以更快地移动到更远的地方。

带有轮辐的轮子很快就在全世界传播开来。直至 19 世纪，车轮的形态并没有发生太多的变化，只是轮辐的数量增多了。

　　1887 年，英国兽医邓禄普发现儿子骑三轮车后被颠得头痛不已。为了减轻轮子与路面接触时产生的振动，他研制出一种充气轮胎。这种轮胎可以很好地吸收冲击力，所以骑车时不会感到太颠簸；另外，由于能够减少摩擦力，所以还能提升骑车速度。如今，全世界的车都在使用充气轮胎。

直至19世纪

20世纪

轮子

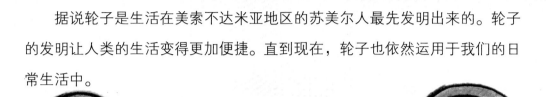

据说轮子是生活在美索不达米亚地区的苏美尔人最先发明出来的。轮子的发明让人类的生活变得更加便捷。直到现在，轮子也依然运用于我们的日常生活中。

 轮子可以减少摩擦力，从而加快车子的移动速度。

摩擦力是指两个相互接触的物体，当有相对运动时，在接触面上产生的阻碍相对运动的作用力。两个物体的接触面积越小，摩擦力就越小。

人们利用能够省力的轮子，制造出各种物品。

我觉得轮子真的好方便啊。它居然可以让自行车跑得这么快。

除了自行车之外，轮子还运用在很多地方。

房门上的球形把手也属于轮子。旋转把手时，弹出的锁舌会缩进去，我们也就能够打开门了。

 轮子还能用在什么地方？

方向盘也是轮子。它与轴连在一起，所以当我们转动方向盘时，汽车的轮子也会跟着转动。

老式水龙头和手摇转笔刀等常见物品利用的也是轮子省力的原理。

 两个轮子咬合在一起就是齿轮，齿轮可以改变力的大小或方向。

风车是如何碾磨粮食的？

秘密就在于齿轮上。

连接磨盘的齿轮转动起来就能带动磨盘碾磨谷物。

一个齿轮转动时会带动另一个齿轮转动，此时力的方向就发生了改变。

刮风时，连接风车叶片的齿轮会带动咬合在一起的连接磨盘的齿轮转动，从而达到碾磨谷物的目的。

你真聪明。

佛教的车轮

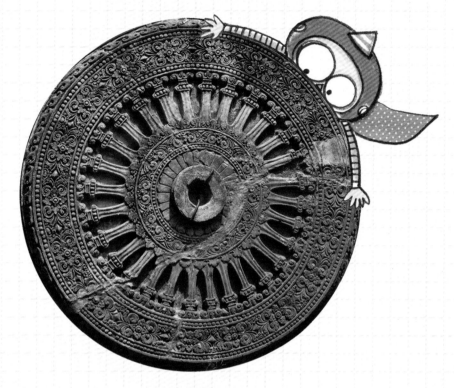

刻有法轮的泰国雕塑

车轮作为佛教的一种象征，被称作"法轮"。这里的"法"是指教导众生的真理，即佛法；而"轮"表示的就是轮子。在佛教中，佛祖第一次对人们进行教导的行为称为"法轮的首次转动"。法轮旋转的样子也意味着佛法转动不息。另外，法轮还象征着人的生死轮回。

在佛教中，人生在世的所作所为与他的来世重生有着很大的关系。佛教主张善有善果、恶有恶报。即多做善事的人来世会过上幸福的生活，而犯下罪孽的人来世则会经历痛苦的人生。

法轮常见于一些与佛教有关的工艺品中。在这些图画或雕刻中，佛祖的形象往往是手持轮子或脚踩轮子的模样。

瓦特叔叔，听说您可以利用蒸汽的力量让火车跑起来？

虽然人们发明了轮子，但进行远距离移动时，依然需要花费很长时间。于是，我便改良了可以借助蒸汽的力量运行的蒸汽机。而随着利用蒸汽机的蒸汽机车面世，人们得以快速地前往更远的地方。

"哔，哔——"

水壶里的水沸腾时产生的蒸汽会不断将壶盖顶起——人们虽然早就通过这个现象明白蒸汽的力量不容小觑，但并不知道该如何利用它。

"由于地下水渗出，我们不得不关闭矿山。"

在 17 世纪的英国，地下水一直都是矿山采矿的一大难题。因为开采煤炭时，经常挖着挖着就会挖出地下水来。

到了 18 世纪，英国主要使用发明家托马斯·纽科门发明的蒸汽抽水机来抽取矿洞中渗出的地下水。不过，这种机器存在不少缺陷，很容易出故障，而且要耗费很多煤炭。

　　住在格拉斯哥的詹姆斯·瓦特是一名制作和修理机器的工程师。

　　一天，有人向他提议道："瓦特，你要不要试着修理一下纽科门蒸汽机？虽然伦敦顶级的技术人员都对此束手无策，但我相信以你的实力修好它应该不是什么难事。"

　　接到修理纽科门蒸汽机的任务后，瓦特立即投入到工作当中。虽然这是一项需要花费很长时间才能完成的复杂工作，但他最终还是成功地修好了机器。这足以证明瓦特是一位非常出色的工程师。

然而，修理完纽科门蒸汽机后，这台蒸汽机始终徘徊在瓦特的脑海中，挥之不去。

"机器运转所需的时间也太长了吧？"

"为什么它会消耗那么多的煤炭呢？"

经过数月的苦苦思索，瓦特终于想出可以解决这些问题的办法。

"对，就是它！"

1776 年，瓦特研发出了全新的蒸汽机。就这样，实用性更强的蒸汽机诞生了。

蒸汽机是一种利用锅炉里的水沸腾时产生的蒸汽力量来推动活塞运转的机器。

瓦特将蒸汽冷凝后产生的水重新送回锅炉里使用。而蒸汽冷凝成的水依然很热，所以很快就能重新沸腾制造出蒸汽。这就使得瓦特蒸汽机的运转速度比纽科门蒸汽机的更快，消耗的煤炭也更少。

"消耗的煤炭只有原来的四分之一。"

"真的吗？那我们矿山也得赶紧订购一台。"

瓦特的新发明很快就代替了纽科门蒸汽机，出现在各地区的矿山上。

瓦特的合伙人认为蒸汽机还有很大的潜力可以挖掘。

"我觉得工厂里也能用到蒸汽机，你不妨研究一下看看。"

瓦特立即改进蒸汽机，使活塞能够带动轮子转动。于是，纺织、造纸等工厂也都开始用蒸汽机来运转机器。

后来，人们制造出了蒸汽机车，再用它将矿山中开采出来的煤炭和工厂中生产来的产品运输到周围的城市中。人们正式迎来蒸汽机车时代。据说，乔治·斯蒂芬森发明的蒸汽机车时速可达 24 千米，比马车还要快，大大地减少了运输货物的成本。

"喂，你坐过火车吗？听说火车的移动速度非常快。"

"据说农夫们反对火车运行，因为它会吓到家畜。"

"听说马车公司的反对声最强烈。"

然而，事实证明，没有人能够阻止铁路的发展。

火车又快又方便，不管在哪里都是人们热议的话题。原本乘坐马车需要花费四个小时的路程，坐火车只需要一个小时。

随着铁路铺设到全国各地，农夫们生产的农产品、工厂里生产的商品等都可以在短时间内卖到其他地方。

另外，普通人也能够到很远的地方去旅行了。

英国的铁路很快就引起了其他国家的关注。世界各国纷纷开始效仿英国铺设铁路。如今，火车已成为各国运输货物和旅客的重要交通工具。

蒸汽机车

蒸汽机车是利用蒸汽的力量来带动火车运行的。通过烧煤，蒸汽机车制造出大量的蒸汽，因此，蒸汽机车在飞驰时，头顶的烟囱上会一直冒出白色的烟雾。在铁路最初铺成时，在铁轨上疾驰的都是蒸汽机车。

机车是通过蒸汽推动的力量运转的。

这个火车当初是怎样跑起来的？

利用蒸汽的力量！

您长得好像这张照片上的人。莫非，您就是斯蒂芬森叔叔？

哈哈！原来你认识我呀，看来我挺有名嘛。

那当然。叔叔，快点儿告诉我原理吧。

我现在就讲给你听。

首先要向燃烧室里填入煤炭。

利用煤炭燃烧时释放的热量加热锅炉中的水。

水沸腾时生成的蒸汽产生的力量会推动活塞。

也就是说，活塞会让轮子转动起来。

没错！

活塞推动连接轮子的轴做运动。

制造蒸汽的方法是燃烧煤炭。

燃烧煤炭一定很热吧？

是的。燃烧室里的温度高达1400摄氏度。

负责添煤的火夫的脸都会被熏黑。

原来有这么多缺点啊？

你说错了！在当时，这已经是最先进的技术了！

不过，烟囱里冒出的是什么烟？

那是煤炭燃烧时产生的烟雾。

呜呜

蒸汽也会通过烟囱排放出去。此时，会产生"呜呜"的声音。

原来那是排放蒸汽的声音啊！

改变世界的工业革命

工业革命是指18世纪始于英国的一场深刻的社会变革。可以说是科学技术的发展引发并且推动了工业革命，瓦特改良的蒸汽机就是其中一个例子。

此外，能够纺出用于织布的纱线的机器——纺纱机的发明、炼铁产业的发展，以及火车的登场等都带动了工业的快速发展。随着蒸汽机的投入使用，各种产品的产量暴增，成本下降，物品买卖变得更加活跃。工业受到科学技术的影响，获得迅猛的发展，所以被人们称为"工业革命"。

工业革命爆发后，很多人都背井离乡，涌入工厂所在的城市。于是，出现了像现在这种人口超过1000万的大城市。然而，人口的暴增使城市环境变得一团糟。在工厂里工作的工人因恶劣的环境失去了健康，甚至还有被机器截断身体的风险。此外，煤炭燃烧时释放出来的煤烟和工厂中排放出来的其他污染物也造成了严重的环境污染问题。

工业革命时期的英国工厂

戈达德叔叔，听说是您将火箭发射到空中的？

很久以前，望着夜空中的星星，人们幻想着到宇宙中旅行的场景。于是，我便研制出以液体燃料为动力的火箭，首次把人类送入了宇宙中。

在中国历史上，很早就有"火箭"了。

12 世纪时，为了击退攻城的金兵，北宋首次将火箭当作武器使用。这种火箭就是将装满火药的竹筒绑在箭上。

"敌人冲上来了，快放火箭！"

一声令下，北宋的将士们立刻将火箭放在木制的发射台上，然后点燃引火线。

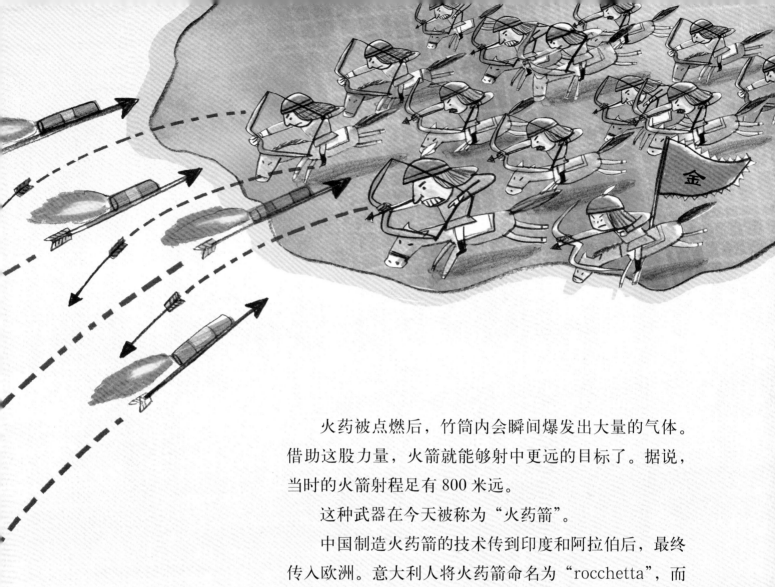

　　火药被点燃后，竹筒内会瞬间爆发出大量的气体。借助这股力量，火箭就能够射中更远的目标了。据说，当时的火箭射程足有 800 米远。

　　这种武器在今天被称为"火药箭"。

　　中国制造火药箭的技术传到印度和阿拉伯后，最终传入欧洲。意大利人将火药箭命名为"rocchetta"，而火箭"rocket"的英文名称就来源于此。

20 世纪初期，美国发明家罗伯特·戈达德突发奇想，想要通过火箭的力量飞到太空中。

在读过英国作家乔治·威尔斯所写的科幻小说《星际战争》后，戈达德便下定决心要制作出可以飞往火星的火箭。

"在没有空气的宇宙中，火箭是否也能正常飞行呢？"

"只要火箭能释放出足够的力量，就一定没有问题。"

想到这里，戈达德马上动手制造出了一个没有空气的真空管，用来模拟宇宙空间环境，然后在里面进行了各种实验。

在经过 50 多次实验后，戈达德终于证实了火箭在没有空气的真空状态中反而能飞得更快。他发现火箭在真空状态下的飞行速度，比在有空气的环境里飞行时快 20% 左右。

不过，最令戈达德感到苦恼的是火箭的燃料问题。想要让火箭飞到太空中，燃料燃烧时所产生的能量就必须持续强劲。当时人们普遍使用的都是一些固体燃料，可固体燃料燃烧时释放的总能量中只有大约 2% 能够转化为火箭的推动力。戈达德认为，液体燃料燃烧时所产生的推动力可能比固体燃料燃烧时产生的推动力强。

1926 年 3 月 16 日，戈达德点燃了一枚新的火箭。

与以往不同的是，这枚火箭中装载着液体燃料——汽油。被点燃后，火箭冒着火花"嗖"地蹿了上去。

"咻咻。"

"终于成功了！"

"上升了足有 12.5 米高。"

戈达德把世界上第一枚液体燃料火箭送上了天，向人们展示了液体燃料的威力。

从那以后，戈达德便全身心地投入到火箭的研发当中。在这个过程中，他申请了200多项专利。甚至到了现在，科学家们发现，如果完全不使用戈达德的专利，根本造不出火箭。

借助于戈达德的研究，人们终于在1957年10月4日，成功地向宇宙发射了第一枚人造卫星——伴侣号。直到戈达德去世之后，人们才真正实现了利用火箭进入太空的梦想。

火箭

火箭的原理与大炮很相似。大炮是利用火药爆炸时产生的力量发射炮弹,而火箭是被燃料燃烧时爆发的力量推向空中。战争中所使用的导弹和推送宇宙飞船进入太空的飞行器均属于火箭。

燃料燃烧时释放出来的气体会把火箭推向天空。

导弹是一种携带炮弹的火箭。

 朝鲜时代，朝鲜人利用中国火药箭的原理制作了神机箭。

神机箭是一种在箭矢上绑上装有火药的竹筒后，进行多箭齐发的武器。点燃装有火药的筒，箭矢能飞出150米远的距离。

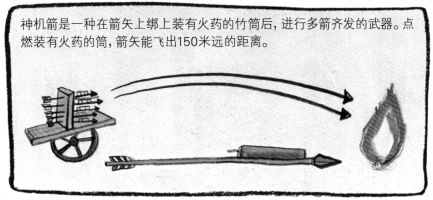

中国的四大发明

　　中国的古人曾发明了造纸术、印刷术、火药及指南针，从而让人们的生活变得非常便利。这四种影响世界的伟大发明，称被为"中国的四大发明"。

　　在没有纸的时代，人们只能在木板或绸缎上写字。但是木板携带非常不方便，而绸缎又非常昂贵。公元105年，东汉的蔡伦改进了造纸术，解决了这一难题。

　　印刷术是在某些材料（如木头、金属、泥土等）上刻上文字，然后涂上墨水，再印在纸上的技术。以前，人们只能直接动手抄文字，所以完成一本书需要花费很长的时间。纸张和印刷术的出现，使得更多的人可以接触到书籍。

　　火药和指南针的发明时期并不明确。在火药登场之前，战争中主要使用的是刀、箭等冷兵器。火药被发明出来之后，战场上就出现了枪和炮的踪影。

　　最初，指南针用于祭祀、军事、礼仪等。后来，指南针传入欧洲。欧洲人在指南针的帮助下穿过了大西洋，最终发现了美洲大陆。

作为中国四大发明之一的指南针

越来越便利的
交通工具

轮子被发明出来后，交通工具从最初的马车，渐渐发展为火车、汽车，乃至宇宙飞船。交通工具的发展让人们的生活变得越来越便利，同时对工业的发展也起到了极大的促进作用。直到现在，科学家们依然在为研究出更便利的交通工具而努力。

悬浮在半空中行驶的磁悬浮列车

磁悬浮列车是利用磁铁的性质制造出来的列车。众所周知，磁铁有同极相斥、异极相吸的性质，利用这种性质，我们可以让列车在距离地面几厘米高的空中悬浮着向前行驶。以往的列车都是依靠车轮在轨道上行驶，但磁悬浮列车没有车轮，所以轨道和列车之间几乎不存在摩擦力，运行速度也比传统列车更快。2015 年，日本磁悬浮列车曾创下 603 千米的时速记录。

利用磁铁性质的磁悬浮列车

在水上和陆地上都可以行驶的气垫船

气垫船是一种类似于在水面上漂浮行驶的船。船的下方喷出的强烈的气流会形成气垫，将船体托离水面。气垫船下方的橡胶围裙包裹着船底的空气，船下的空气无法轻易泄漏出去。气垫船漂浮在气垫上，所以几乎不受水的阻力，航行速度也比普通船快三倍以上。另外，它还可以在陆地上行驶。

利用空气的压力制造的气垫船

有利于环保的电动汽车

电动汽车是一种以车载电源为动力的汽车。由于不使用排放污染物的石油等化石燃料，所以电动汽车非常环保。如今，随着电池性能越来越好，电动汽车的续航能力也在逐渐增强。但是电动汽车也存在一些缺点，如充电桩数量少，电池充电时间长，等等。

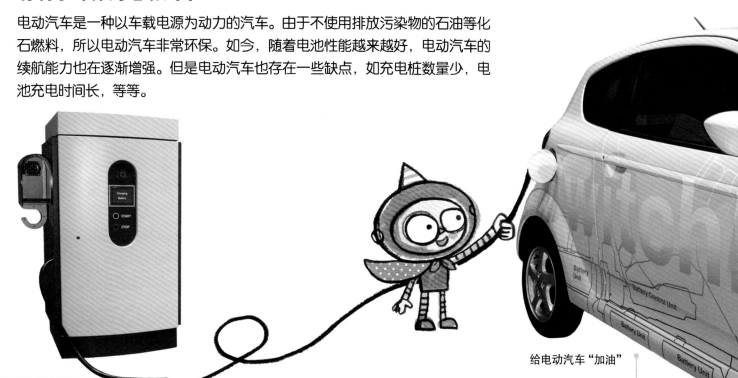

给电动汽车"加油"

无线操控的无人机

无人机是一种像玩具一样，可以用无线电波进行操纵的飞机。由于在飞行时会发出"嗡嗡"的声音，所以人们就用表示"嗡嗡"的英文单词"drone"来命名它。原本无人机主要用于侦察敌情、对敌人进行轰炸等军事行动。而到了现在，它逐渐被人们用在各种人力难以完成的事情上。例如，它可以用来扑灭山火、喷洒农药、搜寻遇难人员等。此外，它还可以用来拍摄火山爆发、台风等危险场景。

通过无线电波操控的无人机

图字：01-2019-6048

图书在版编目（CIP）数据

移动的故事 /（韩）金恩珠文；（韩）赵贤淑绘；千太阳译 . — 北京：东方出版社，2021.4

（哇，科学有故事！. 第三辑，日常生活·尖端科技）

ISBN 978-7-5207-1483-9

Ⅰ.①移… Ⅱ.①金… ②赵… ③千… Ⅲ.①交通工具—青少年读物 Ⅳ.① U-49

中国版本图书馆 CIP 数据核字（2020）第 038653 号

哇，科学有故事！尖端科技篇·移动的故事

（WA，KEXUE YOU GUSHI! JIANDUAN KEJIPIAN·YIDONG DE GUSHI）

作　者：［韩］金恩珠 / 文　［韩］赵贤淑 / 绘
译　者：千太阳

策划编辑：鲁艳芳　杨朝霞
责任编辑：金　琪　杨朝霞
出　版：东方出版社
发　行：人民东方出版传媒有限公司
地　址：北京市西城区北三环中路6号
邮　编：100120
印　刷：北京彩和坊印刷有限公司
版　次：2021年4月第1版
印　次：2021年4月北京第1次印刷
开　本：820毫米×950毫米　1/12
印　张：4
字　数：20千字
书　号：ISBN 978-7-5207-1483-9
定　价：218.00元（全9册）
发行电话：（010）85924663　85924644　85924641

✒ 文字 〔韩〕金恩珠

　　在大学攻读物理学和幼儿教育，毕业后一直在出版社创作儿童图书。希望孩子们可以通过科学家和发明家们的故事，目睹科学改变世界的场景，从而培养出想要改变未来的梦想。主要作品有《挑战，科学营地阿帕奇》《制作，修理，切割，粘贴，需要工具》《去狩猎》《全都苏醒的春天》《四个朋友的故事》等。

🎨 插图 〔韩〕赵贤淑

　　毕业于檀国大学西方画专业。由于喜欢孩子们开朗的笑容，所以成为一名为孩子们画画的绘本作家。主要作品有《穿着魔女衣服的我的妈妈》《小米爷爷吴炳秀》《一口吞掉袜子的数学》《妈妈朋友的女儿是怪物》《神奇的九九乘法表》《爸爸的日记本》《公司怪物》等。

📖 审订 〔韩〕金忠燮

　　毕业于首尔大学物理学专业，并取得该学校的博士学位。现任水原大学物理学专业的教授。主要作品有《黑洞真的是黑色的吗》《通过视频看宇宙的发现》《默冬讲给我们听的日历的故事》《洛什讲给我们听的潮汐的故事》等；主要译作有《天文学常识》《天才们的科学笔记7：天文宇宙科学》等。

哇，科学有故事！（全33册）

扫一扫
看视频，学科学